YUKAZE

はじめに

ここは沖縄県南部のとある町。ある日、お散歩をしていた子どもたちと保育士さんは、道端で色々な道草を見つけました。その中には、保育士さんが知っている道草も、そうでないのもありました。そこで保育士さんは、「子どもたちは道草が大好き。子どもたちのために、道草のことをもっと知りたいな」と思いました。「お散歩中や園に帰った後にみんなで道草遊びができたら楽しいな」とも。

そんな保育士さんの声から生まれたのが、この『おきなわのみちくさ』です。

子どもたちが道草と仲良しになるため、そして大人たちが安心して道草に親しむための最初の一冊として、この本では植物の詳細な情報は割愛しています。もっと詳しく知りたくなった時は、ぜひ、より専門的な図鑑等へとステップアップしてください。

本書の制作にあたり、屋比久壮実氏には多くの情報をご提供いただきました。ご協力いただきありがとうございました。

天気がいい日は、さぁ出発。
今日はどんな道草に出会えるかな。

〔おことわり〕
主に沖縄県南部で見られる道草を収録しています。
方言名は沖縄本島の広範囲で使用されているものを掲載しています。本島の他地域や離島では異なる方言名がある場合もあります。

この本の楽しみ方

子どもたちの目線の先にある、足元の主な道草の他、樹木の落ち葉、実や種、そして注意が必要な植物を「みる・さわる・かぐ・たべる」のいずれかのポイントと共に紹介しています。
また、「やってみよう！」のページでは、簡単にできる道草あそびを紹介しています。

・道草を採取する際は場所や量に配慮しましょう。
・味見をする際は先に水洗いをするなどして衛生面に気をつけましょう。

【みちくさのページ】

よるは　はっぱを　とじて　ねむるよ。

42　ギンネム（ギンゴウカン）【ニブイギ】

【あそびのページ】

【みちくさのページについて】

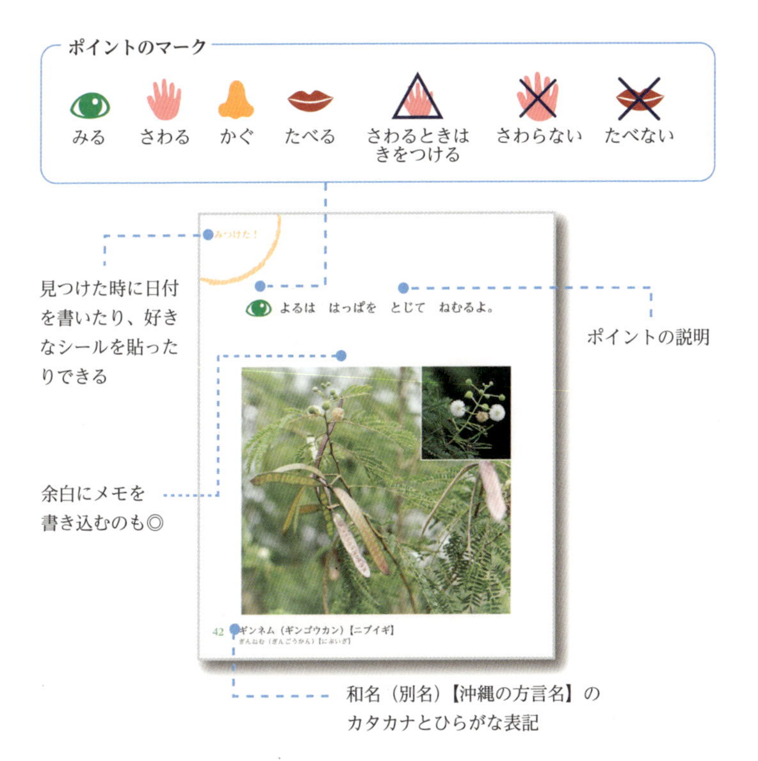

目次

一覧

みどり・ちゃ

あか

しろ

リュウキュウボタンヅル
P44
アレチノギク
P45
シロツメクサ
P46
き
ヤブガラシ
P48
アメリカハマグルマ
P49
オニタビラコ
P50
セイヨウタンポポ
P52
オカミズオジギソウ
P53
カタバミ
P54
あお
・
むらさき
チョウマメ
P56
フブキバナ
P57
ヤナギバルイラソウ
P58
ルリハコベ
P60
テリミノイヌホオズキ
P61
キンチョウ
P62
フォーゲリアナ
P63
ムラサキカタバミ
P64
ぴんく
イワダレソウ
P66
ケイトウ
P67
ウスベニニガナ
P68
ユウゲショウ
P70
ニチニチソウ
P72

このは
ビョウタコノキ
P74
ソテツ
P75
テリハボク
P76
み・たね
コバテイシ
P80
ナンバンサイカチ
P81
クロヨナ
P82
モクマオウ
P84
リュウキュウマツ
P84
アリノキ
P85
ホウオウボク
P86
ビョウタコノキ
P88
テリハボク
P89
トックリキワタ
P90
ゲットウ
P92
ちゅうい
シロバナキョウチクトウ
P96
キョウチクトウ
P96
キバナキョウチクトウ
P96
ミフクラギ
P97
オオバナチョウセンアサガオ
P98
プルメリア
P99
シマトウガラシ
P100

てんきの　いいひは

みちくさ　さがしに　でかけよう

あしもとも　みてみて

みてみて

はっぱ　　くき　　はな

み　　たね

ねっこは　みえるかな

いろんな　かたち

いろ

におい

どんな　あじ　かな

さわったら
どんな　かんじが　するのかな

どんな　おきゃくさんが

きているかな

みちくさ

ながーい　ひげが　あるのは　どっち？
むらさきいろは　どっち？

めひしば

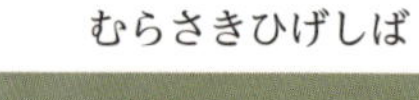

むらさきひげしば

メヒシバ／ムラサキヒゲシバ

めひしば／むらさきひげしば

やってみよう！
「めひしばの　ほうき」

① めひしばを　なんぼんか
ようい する。
むらさきひげしばも
つかえるよ。

② まとめて
めひしば　いっぽんで　くくる。

ひっくりかえして
ほうきの　できあがり。
おそうじごっこを　してみよう！

ねっこの　かたちも　みてみよう！

たね

シナガワハギ【アンダグサ】

しながわはぎ【あんだぐさ】

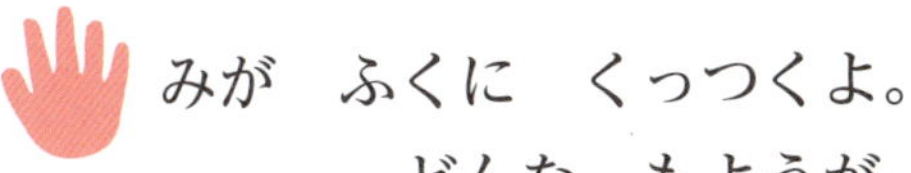

みが　ふくに　くっつくよ。
どんな　もようが　できるかな？

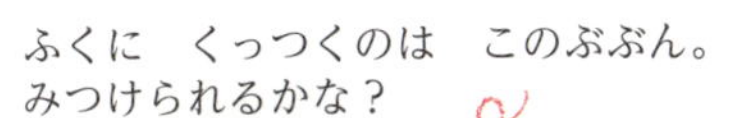

ふくに　くっつくのは　このぶぶん。
みつけられるかな？

アレチヌスビトハギ
あれちぬすびとはぎ

ふまれても　まけないよ。

わかい　めは　たべられるよ。

つぼみおおばこは　よくにているよ。→
はっぱの　かたちや　ぜんたいの
しろくて　ちいさい　けが　ちがうよ。

オオバコ／ツボミオオバコ

おおばこ／つぼみおおばこ

やってみよう！
「おおばこ　ずもう」

①

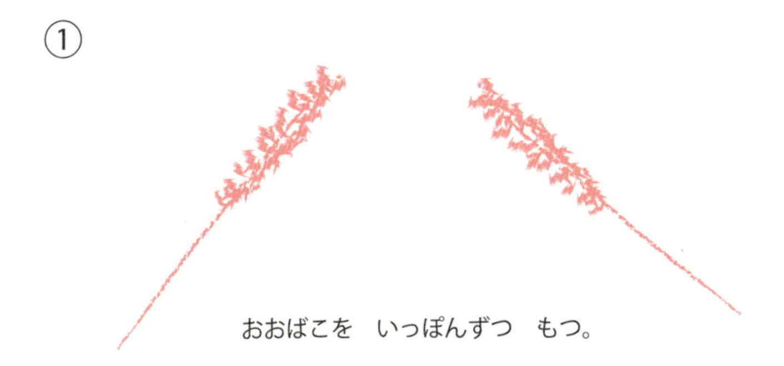

おおばこを　いっぽんずつ　もつ。

②

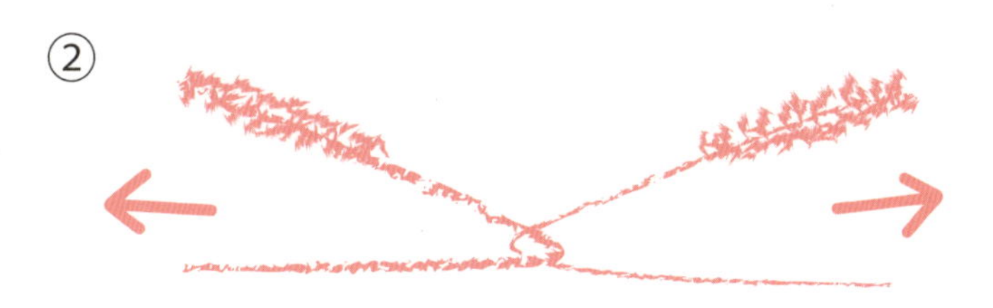

ひっぱりあって　きれなかったほうの　かち！

みつけた！

くきから　でる　しろいしるを　さわると
てが　かゆくなるよ。
きを　つけよう！

シマニシキソウ【ギチャファグサ】
しまにしきそう【ぎちゃふぁぐさ】

ちいさい　はっぱを　たべてみよう！
どんな　あじかな？

ちいさい　はなが
たくさん　さくよ。

はっぱは　くすりにも　なるよ。

ボタンボウフウ（チョウメイソウ）【サクナ】
ぼたんぼうふう（ちょうめいそう）【さくな】

どこが　ちがうかな？
くらべて　みよう！

えのころぐさ

ちがや

エノコログサ（ネコジャラシ）／チガヤ

えのころぐさ（ねこじゃらし）／ちがや

やってみよう！
「えのころぐさの　けむし」

えのころぐさの　ほを　にぎって
ちからを　いれたり　よわめたり
すると　ほが　うごくよ。

ほの　むきを　かえながら
やってみよう！

ほを　じめんに　おいて
てで　かるく
おしたり　はなしたりすると
ほが　すすんで　いくよ。

はっぱの　おもてと　うらを
どちらも　さわってみよう！

はっぱは　どんな　においかな？

ヨモギ【フーチバー】
よもぎ【ふーちばー】

やってみよう！
「よもぎを　たべよう」

よもぎを　つかっている　りょうりを　たべてみよう！

よもぎ　だんご

じゅーしー
（おきなわの　たきこみごはん）

そば
（おきなわそば）

ほかにも　あるかな？

みつけた！

はなと　はっぱを　かじってみよう！
どんな　あじかな？

キンレンカ（ナスタチューム）
きんれんか（なすたちゅーむ）

はなの　まんなかは　どこかな？

あずきと　はなびらの
いろが　にているよ。

ナンバンアカバナアズキ
なんばんあかばなあずき

うちがわの　はなは　なにいろ？
そとがわの　はなは　なにいろ？

はなのいろは　だんだん
かわっていくよ。

シチヘンゲ（ランタナ）【クサレギ、ヒチヘンヂ】
しちへんげ（らんたな）【くされぎ、ひちへんぢ】

やってみよう！

「しちへんげの　かおり　すいっち」

しちへんげは　いつもは
かおりが　ないけれど

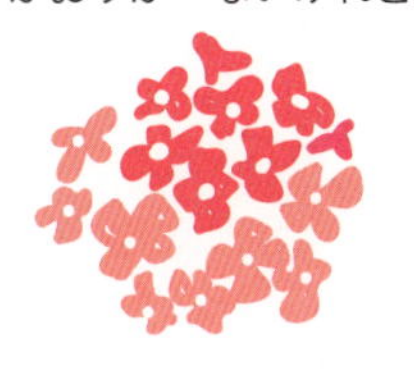

ぽんっ

はなを　てで　かるく
さわると

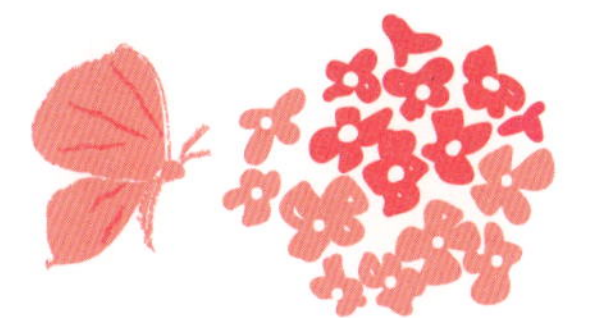

あまい　かおりが
してくるよ！

みつけた！

あかい　みが　たくさん　なるよ。
はなは　なにいろ　かな？

ジュズサンゴ
じゅずさんご

みつけられたら　らっきー！

まちの　なかで　みつけるのは　むずかしいけれど
やまに　ちかいところでは　みつけやすいよ。

ヘビイチゴ
へびいちご

みつけた！

はなの　いろが
しろから　むらさきに　かわるよ。

ペラペラヨメナ

ぺらぺらよめな

しろい　はなは　どんな　においかな？

カオリカズラ
かおりかずら

みつけた！

たねを　さわって　みよう！

たねの　さきは　どんな　かたちかな？

シロノセンダングサ【サシグサ】
しろのせんだんぐさ【さしぐさ】

やってみよう！
「くっつきむしで　せつぶんごっこ」

しろのせんだんぐさの　みは　くっつきむし。

せつぶんの　まめ　みたいに　とばして
ふくに　くっつけて　みよう！

はなびらは　なんの　かたちに　にているかな？

コトブキギク
ことぶきぎく

くきの　なかが　しろいよ。

くきの　なかが　からっぽだったら　はるじおん。

ヒメジョオン
ひめじょおん

よるは　はっぱを　とじて　ねむるよ。

ギンネム（ギンゴウカン）【ニブイギ】
ぎんねむ（ぎんごうかん）【にぶいぎ】

やってみよう！
「ぎんねむの　まめと　みで　あそぼう」

<まめの　ぶれすれっと>

① まめを　みずに　つけて
やわらかくする。

② はりと　いとで　まめを
つなぐ。
（おとなと　いっしょに　やろうね）

<みの　がっき>

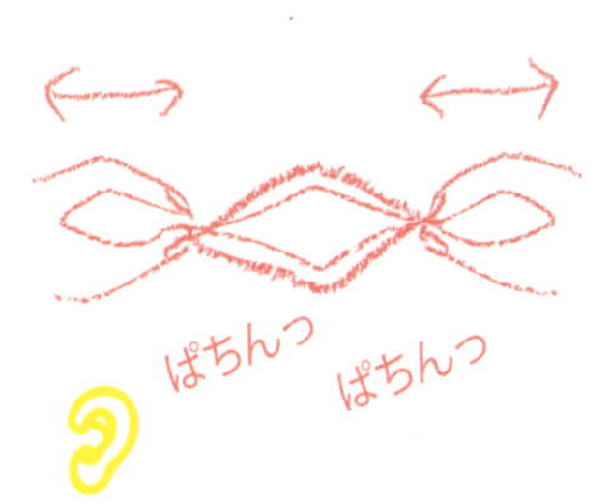

① みの　まんなかを　さく。
はじっこは　きらないように
きをつけて。

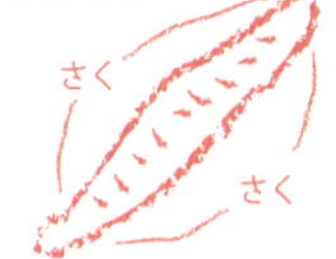

② いきおいよく　ひっぱると
ぱちんと　おとがするよ。

みつけた！

はっぱを　みずの　なかで　もむと
あわが　でてくるよ。

けがをしたときは
はっぱを　もんで
きずに　つけると

はっぱが　ちを
とめてくれるよ！

リュウキュウボタンヅル【ブクブクーグーサ、チートゥミグサ、ミンバイグサ】
りゅうきゅうぼたんづる【ぶくぶくーぐーさ、ちーとぅみぐさ、みんばいぐさ】

ふわふわ　わたげが　できるよ。

アレチノギク
あれちのぎく

みつけた！

よつばの　くろーばー は　みつかるかな？

シロツメクサ
しろつめくさ

やってみよう！
「しろつめくさの　ゆびわ」

①

②

ゆびの　ふとさに
あわせて　わを　つくる。

③

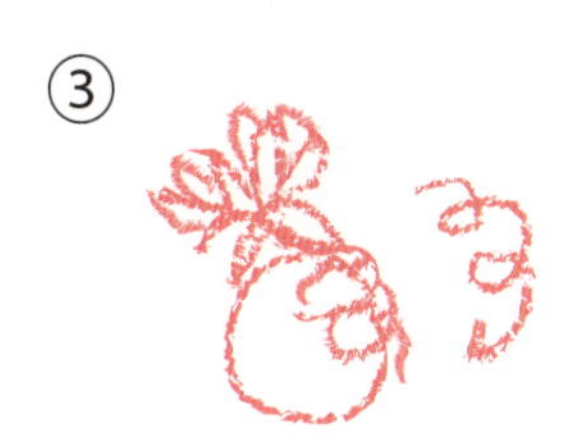

よぶんな　くきを
まきつける。

④

できあがり！

きいろの　ちいさなはなが
たくさん　さくよ。

ヤブガラシ【イチハグサ】
やぶがらし【いちはぐさ】

どんどん　ひろがって　そだつよ。
どこから　どこまで　つづいているかな？

アメリカハマグルマ
あめりかはまぐるま

くきや　はっぱを　きると
しろい　しるが　でるよ。

りょうりすると　たべられるよ。

オニタビラコ【トゥイヌフィサー、チャンチャクナー】

おにたびらこ【とぅいぬふぃさー、ちゃんちゃくなー】

やってみよう！
「みちくさ　てーぷ」

ざいりょう

・すきな　はなや　はっぱ
（おしばなに　したもの）

・とうめい　てーぷ

① てーぷの　ぺたぺたする　ほうに
はなや　はっぱを　のせる。

② うえから　てーぷを　はる。
くうきが　はいらないようにね。

③ できあがり！
しおりや　らっぴんぐに
つかえるよ。

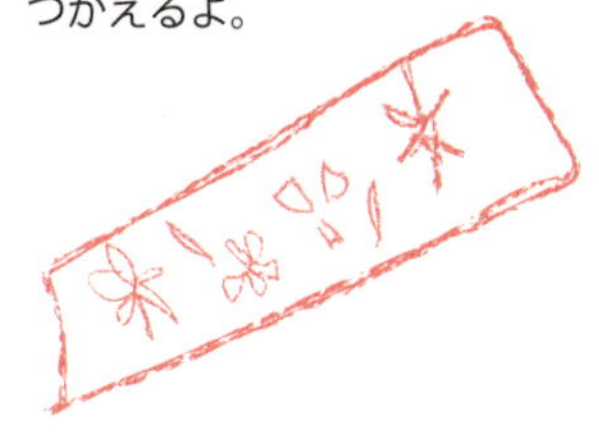

みつけた！

はなは　てんぷら
はっぱは　さらだや　おちゃ
ねっこは　たんぽぽこーひーに　できるよ。

セイヨウタンポポ
せいようたんぽぽ

はっぱに　そっと　さわってみよう！
はっぱが　とじるよ。

オカミズオジギソウ
おかみずおじぎそう

みつけた！

たてに　あいている　みの　すきまから
たねが　とびでるよ。

カタバミ
かたばみ

やってみよう！
「かたばみで　ぴかぴか」

かたばみの　くきと　はっぱで
じゅうえんだまを　みがいてみよう！
ぴかぴかになるよ。

みつけた！

はなで　いろみずを　つくってみよう！
れもんじるを　いれると　いろが　かわるよ。

みを　たべたり
はなを　おちゃにしたり　できるよ。

チョウマメ
ちょうまめ

はなは　いくつ　ついているのかな？

フブキバナ（メイフラワー）
ふぶきばな（めいふらわー）

みが　ぱちんと　ふたつに　われて
たねが　とびだすよ。

たねは　みずを　つけると
まわりが　ぷよぷよになるよ。

ヤナギバルイラソウ
やなぎばるいらそう

やってみよう！

「はなの　いろみず」

① やなぎばるいらそうや　ちょうまめのような
こい　いろの　はなと　みずを
びにーるぶくろに　いれて　もむ。

② きれいな　いろみずの　できあがり！

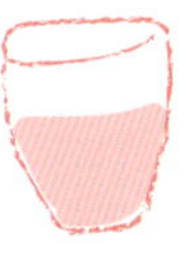

くきの　かたちを　みてみよう！
まるいかな？　しかくいかな？

おれんじいろの　はなを
みつけられたら　らっきー！

ルリハコベ【カサミンナ】
るりはこべ【かさみんな】

みを　さわってみよう！
みどりいろの　みと　むらさきいろの
みは　おなじくらいの　かたさかな？

テリミノイヌホオズキ
てりみのいぬほおずき

みつけた！

はっぱの　さきに
はっぱの　あかちゃんが　ついているよ。

あかちゃんが　いっぱい

キンチョウ
きんちょう

はなびらは　なにいろ？
はなの　なかは　なにいろ？

フォーゲリアナ
ふぉーげりあな

はなを　かじってみよう！
あまいかな？　すっぱいかな？

ムラサキカタバミ【ヤファタ】
むらさきかたばみ【やふぁた】

やってみよう！
「むらさきかたばみ　ずもう」

「おおばこ　ずもう」より　じゅんびが　むずかしいけれど
ちょうせんしてみよう！

① むらさきかたばみの　くきの　なかの　しんを　だす。

くきを　すこし　きると
やりやすいよ。

②

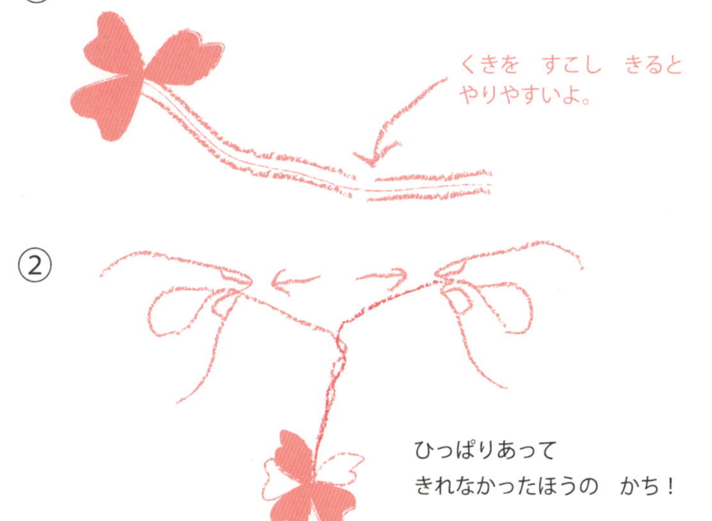

ひっぱりあって
きれなかったほうの　かち！

とーっても　ちいさいよ。
あしもとを　よく　みて　さがしてね。

イワダレソウ
いわだれそう

はなを　そっと　さわってみよう！
どんな　かんじが　するかな？

ケイトウ
けいとう

ちいさい　はなびらが　たくさんあるよ。

ウスベニニガナ　【ハルハンダマ】
うすべににがな【はるはんだま】

やってみよう！
「はなの　すたんぷ」

ざいりょう

- かためのはなや　つぼみ
- すたんぷだい
- かみ

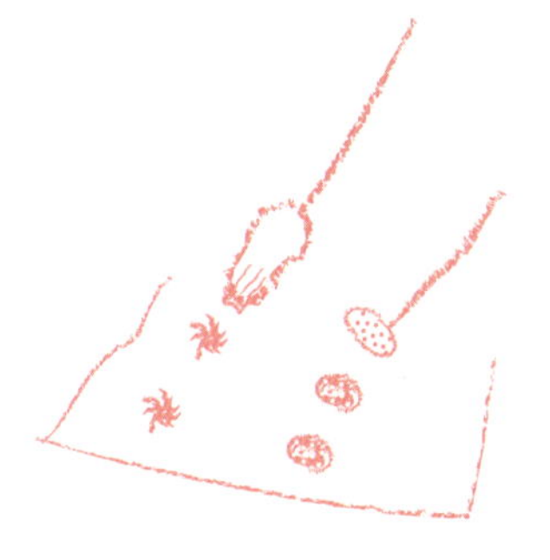

うすべにゃ　がなや
たんぽぽの　はなびらのなく
なったぶぶんが　おすすめ。

どんな　もようが　できるか
みてみてね！

はなびらに　せんが　あるよ。
みえるかな？

ユウゲショウ

ゆうげしょう

やってみよう！

「ちいさな　はなたば」

すきな　はなや　はっぱを
あつめて　くきを　そろえる。

ちいさな　びんに　いれると
かわいいよ！

みつけた！

はなが　くるくる　まわって　おちるよ。

かざぐるま　みたい

ニチニチソウ【カジマヤーグァー】

にちにちそう【かじまやーぐぁー】

このは

きの　はっぱ

みつけた！

はっぱは　とげとげ　しているよ。

さわるときは　きを　つけよう！

したのほうが　たこの　あしみたい。88ページの　みと　たねも　みてみよう！

ビョウタコノキ
びょうたこのき

はっぱを　てのひらや　てのこうで
なでて　みよう！

めばな

おばな

ソテツ【スーティーチャー】
そてつ【すーてぃーちゃー】

なにいろの　はっぱが　みつかるかな？

89ページの　みと　たねも　みてみよう！

やってみよう！
「はっぱで　こすりだし」

①　はっぱの　うえに
かみを　おく。

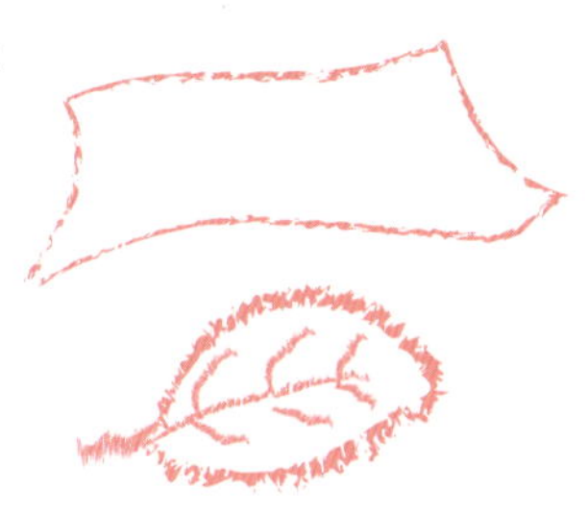

②　くれよんや　いろえんぴつで
うえから　こする。

もようが　うきでてくるよ！

み・たね

はなの　あとに　みが　できて
みの　なかに　たねが　できるよ

みは　どこから　おちてきたのかな？

コバテイシ（モモタマナ）【クファデーサー、クファギ】

こばていし（ももたまな）【くふぁでーさー、くふぁぎ】

ほそながーい　みを　さわってみよう！

ざらざら？　すべすべ？

みは　どんなかおり　かな？

みのなかには
たくさんの　へやと　たね。

ナンバンサイカチ（ゴールデンシャワー）
なんばんさいかち（ごーるでんしゃわー）

なかの　たねは　どんな　かたちかな？

クロヨナ
くろよな

やってみよう！
「みと　たね　ならべ」

みや　たねを　ならべて　はっぱや
かおを　つくってみよう。
ほかには　なにが　できる　かな？

まつぼっくりを　さがしてみよう。
どんな　かたちが　あるかな？

もくまおう

りゅうきゅうまつ

モクマオウ（トキワギョリュウ）【モクモー、メリケンマツ】／リュウキュウマツ
もくまおう（ときわぎょりゅう）【もくもー、めりけんまつ】／りゅうきゅうまつ

みは　どんなふうに　おちるのかな？

アリノキ（ツクバネタデノキ）
ありのき（つくばねたでのき）

みのなかに　たねは
いくつ　はいっているかな？

ホウオウボク
ほうおうぼく

やってみよう！
「たねの　ぱずる」

ほうおうぼくの　みを
はんぶんに　わると
たねが　あるよ。

たねが　いっぱい！

たねを　だしたり　いれたり
じゅんばんに　ならべたりして
あそんでみよう！

かたちが　にている　くだものは　なにかな？

74ページの
きに　なるよ。

ビョウタコノキ
びょうたこのき

どれも　おなじきの　み。
ぜんぶ　みつけられるかな？

76ページの　きに　なるよ。

わかい　み

ふるくなった　み

みの　なかの　たね

テリハボク
てりはぼく

みどりいろの　みの　なかには
なにが　はいっているのかな？

きの　みきの　かたちが
とっくりと　にているよ。

トックリキワタ
とっくりきわた

みは　どうへんしんするのかな？

はなから　みに　なるまでの　へんしんを みてみよう！

ゲットウ【サンニン、ムーチーガサ】
げっとう【さんにん、むーちーがさ】

やってみよう！
「げっとうで　ごっこあそび」

げっとうの　はっぱで　あそんでみよう！

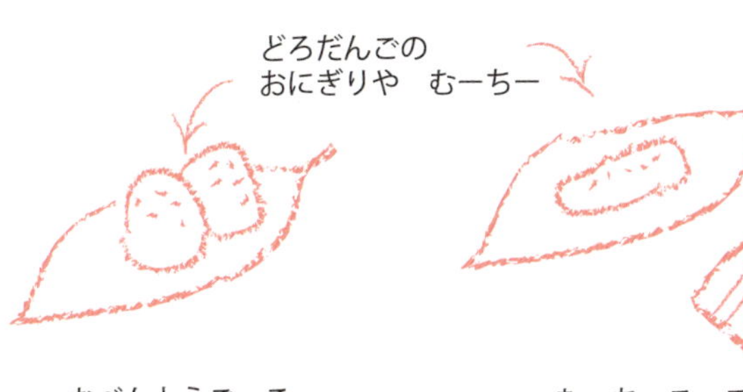

おべんとうごっこ

むーちーごっこ

むーちーは
おきなわの　おもち

ろばごっこ

ちゅうい したい しょくぶつ

きをつけよう

さわったり　なめたりすると　あぶないよ。

しろばなきょうちくとう

きょうちくとう

きばなきょうちくとう

＊中毒症状が現れる可能性があります。

シロバナキョウチクトウ / キョウチクトウ / キバナキョウチクトウ
しろばなきょうちくとう / きょうちくとう / きばなきょうちくとう

さわったり　なめたりすると　あぶないよ。

おちている　はなや　みにも　きをつけよう

＊中毒症状が現れる可能性があります。

ミフクラギ（オキナワキョウチクトウ）
みふくらぎ（おきなわきょうちくとう）

さわらないように　しよう。
さわってしまったら　すぐに　てを　あらってね。

＊中毒症状が現れる可能性があります。

オオバナチョウセンアサガオ（キダチチョウセンアサガオ）
おおばなちょうせんあさがお（きだちちょうせんあさがお）

きをつけよう

はっぱや　えだから　でる　しろい　しるに
さわらないように　しよう。

＊皮膚炎や嘔吐の原因となる可能性があります。

きをつけよう

さわったり　なめたりすると　ひりひりするよ。

シマトウガラシ
しまとうがらし

さわらないように　しよう。
さわってしまったら　すぐに　てを　あらってね。

＊寄生虫による感染症の原因となる可能性があります。

保育士さんのおさんぽガイド

子どもと散歩をするときに意識していることはありますか？
暑い日が多い沖縄で保育士さんが普段気をつけていることは……

時間帯

★午前中や夕方のなるべく暑すぎない時間帯を選びましょう。

場所

★ルートには木陰で休憩できるところや、日陰になっている道を選びましょう。

★公園などの広いところはオススメです。

走り回ったり、たくさん動いたりすることで体力作りができます。
また、想像力が働いて自分で遊びを見つけられるようになる他、匂いや感触といった感覚の全てが本物なので五感が鍛えられます。

★公園など水道が使える場所も、散歩のルートとして考えておくといいですよ。

子どもにとって、転ぶのは当たり前のこと。擦り傷・切り傷は絆創膏で対応する前に、まずは患部を水できれいに洗いましょう。

★子どもの足が隠れる程の草むらには入らないようにしましょう。

草が生い茂っているところにはヘビ（ハブ）がいる場合があります。

服装

★帽子

嫌がる場合はパーカーのフードでも構いません。帽子の中は蒸れたり温度が上がったりしやすいので、日陰では脱がせてあげましょう。

★動きやすい服

ジーンズは暑くなりやすいので、なるべく避けましょう。
草が生い茂っているところでは長袖、長ズボンを着用させましょう。

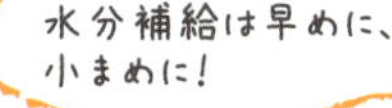

持ち物

★着替え
★飲み物（水やお茶）
★保冷剤や中身を凍らせたペットボトル（余裕があれば）
★虫除け（気になる場合。アレルギー確認した上で使用）

歩き方

★子どものペースに合わせてみましょう。

「何かないかな～」と子どもの視点を持ちながら、子どもが立ち止まったら一緒に立ち止まると、思いがけない発見があります。また、危険は先に察知して、大きな危険がない限りは子どもたちのしたいようにさせてあげましょう。

本書に寄せて

道草を食う、というと「無駄に時間を過ごす」という感じを受けますが、実は「心を豊かにする」とても大切な時間なのです。

天気の良い日は子どもさんと近くの公園まで、この本片手に歩いてみるとよいと思います。これまで知らなかった身の回りの植物のことに気が付いたり、新しい発見があって家族で楽しめると思います。道端の厳しい環境で代々命をつないでいる植物たちの知恵を知ったり、植物を使って家族やお友達と遊んだりすることで思い出も多くなり心も豊かになるのではないでしょうか。

一人でも多くの方々が自然を楽しんでいただければ嬉しく思います。

屋比久壮実

さくいん

※和名・別名を表示しています。

あ

さ

た

ま

や

ら

著者

ゆかぜあしもとハンターズ

ゆかぜ保育園の保育士と運営元である株式会社 YUKAZEメンバーによる合同チーム。子どもたちと日々みちくさに触れながら、どんな植物なのか、どんな遊びができるのかを探求している。

協力

屋比久壮実（やびく そうじつ）

写真家の活動の傍ら、県や市町村、児童館などで自然観察会講師として指導に当たり、エコツアーなどで沖縄の自然を紹介している。「おきなわフィールドブック（1～3、5）」、「花ごよみ　亜熱帯沖縄の花」（いずれもアクアコーラル企画）など著書多数。

おきなわのみちくさ

発行日　2018年8月20日　初版　2019年8月1日　第3刷

著　者　ゆかぜあしもとハンターズ

及川記穂・松田夏生

江洲衿花・渋谷聡・平安座尚子・平安座麻利菜・山内実歩

撮影・デザイン　渡邉由香

編集・デザイン・装丁・イラスト　松本麻里

編集人　宮﨑博

発行者　谷正風

発行所　株式会社 YUKAZE

〒901-1302 沖縄県島尻郡与那原町字上与那原 39 番地の 1

Tel：098-944-1251　Fax：098-993-7187

Mail：info@yukaze.co.jp

http://yukaze.co.jp

Printed in Japan　ISBN 978-4-908552-23-6

■「由風出版株式会社」は 2019 年 4 月に「株式会社 YUKAZE」へと社名を変更しました。